My Notes

My Notes

My Notes

My Notes

My Notes

My Notes

My Notes

My Notes

My Notes

My Notes

My Notes

My Notes

My Notes

My Notes

My Notes

My Notes

My Notes

My Notes

My Notes

My Notes

My Notes

My Notes

My Notes

My Notes

My Notes

My Notes

My Notes

My Notes

My Notes

My Notes

My Notes

My Notes

My Notes

My Notes

My Notes

My Notes

My Notes

My Notes

My Notes

My Notes

My Notes

My Notes

My Notes

My Notes

My Notes

My Notes

My Notes

My Notes

My Notes

My Notes

My Notes

My Notes

My Notes

My Notes

My Notes

My Notes

My Notes

My Notes

My Notes

My Notes

My Notes

My Notes

My Notes

My Notes

My Notes

My Notes

My Notes

My Notes

My Notes

My Notes

My Notes

My Notes

My Notes

My Notes

My Notes

My Notes

My Notes

My Notes

My Notes

My Notes

My Notes

My Notes

My Notes

My Notes

My Notes

My Notes

My Notes

My Notes

My Notes

My Notes

My Notes

My Notes

My Notes

My Notes

My Notes

My Notes

My Notes

My Notes

My Notes

My Notes

My Notes

My Notes

My Notes

My Notes

My Notes

My Notes

My Notes

My Notes

My Notes

My Notes

My Notes

My Notes

My Notes

My Notes

My Notes

My Notes

My Notes

My Notes

My Notes

My Notes

www.ingramcontent.com/pod-product-compliance
Lightning Source LLC
LaVergne TN
LVHW060613200726
843510LV00009B/1095
9783347164444